見学！日本の大企業
ホンダ

編さん／こどもくらぶ

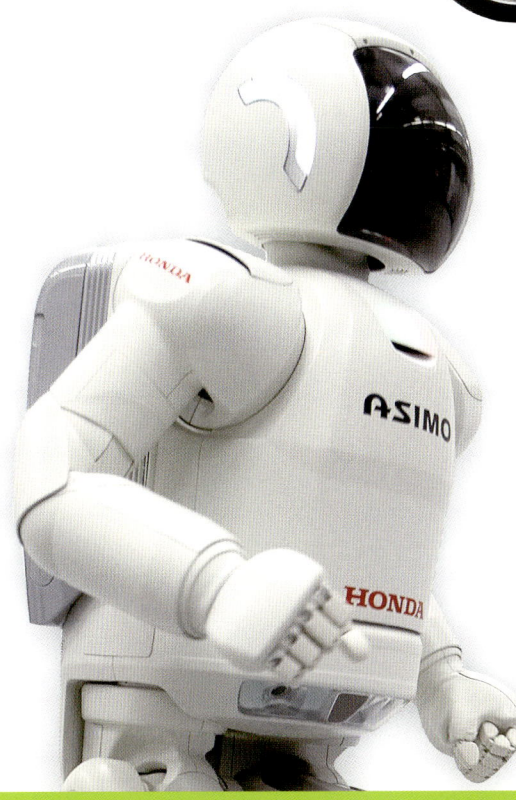

ほるぷ出版

はじめに

　会社には、社員が数名の零細企業から、何千・何万人もの社員が働くところまで、いろいろあります。社員数や資本金（会社の基礎となる資金）が多い会社を、ふつう大企業とよんでいます。

　日本の大企業の多くは、明治維新以降に日本が近代化していく過程や、第二次世界大戦後の復興、高度経済成長の時代などに誕生しました。ところが、近年の経済危機のなか、大企業でさえ、事業規模を縮小したり、ほかの会社と合併したりするなど、業績の維持にけん命です。いっぽうで、好調に業績をのばしている大企業もあります。

　企業の業績が好調な理由のひとつは、独創的な生産や販売のくふうがあって、会社がどんなに大きくなっても、それを確実に受けついでいることです。また、業績が好調な企業は、法律を守り、消費者ばかりでなく社員のことも大切にし、環境問題への取りくみや、地域社会への貢献もしっかりしています。さらに、人やものが国境をこえていきかう今日、グローバル化への対応（世界規模の取りくみ）にも積極的です。

　このシリーズでは、日本を代表する大企業を取りあげ、その成功の背景にある生産、販売、経営のくふうなどを見ていきます。

★

　みなさんは、将来、どんな会社で働きたいですか。

　大企業というだけでは安定しているといえない時代を生きるみなさんには、このシリーズをよく読んで、大企業であってもさまざまなくふうをしていかなければ生き残っていけないことをよく理解し、将来に役立ててほしいと願います。

　この巻では、世界にほこる技術により、信頼され長く愛用される自動車や二輪車などをつくりつづけるホンダについて、くわしく見ていきます。

目次

1. 世界のホンダ ……………………………………………… 4
2. 創業者・本田宗一郎 ……………………………………… 6
3. 開発にかける思い ………………………………………… 8
4. 世界一であってこそ、日本一 …………………………… 10
5. 四輪車業界への進出 ……………………………………… 12
6. レースにかける情熱 ……………………………………… 14
7. ホンダの理念を支える哲学 ……………………………… 16
8. お客さまを第一に品質向上をめざす …………………… 18
9. 世界に進出するホンダの生産拠点 ……………………… 20
10. ものづくりを追求するホンダの生産技術 ……………… 22
11. 最先端を走りつづける …………………………………… 24
12. 暮らしを豊かにするための新技術 ……………………… 26
13. 人びとと社会とよりよく生きる ………………………… 28
14. 環境を大切にするホンダの思い ………………………… 30

資料編❶ ハイブリッドカー・電気自動車の現在 ……… 33
資料編❷ 世界の二輪車市場 ……………………………… 34
資料編❸ オートバイの生産を見てみよう! ……………… 36

● さくいん …………………………………………………… 38

HONDA
The Power of Dreams

1 世界のホンダ

いまや世界的に名を知られている日本企業はいくつもあるが、その代表格がホンダ。高度な技術に支えられた二輪車（オートバイ）や四輪車は、世界のあらゆる地域で走りつづけている。

世界をめざして

　ホンダは、本社を東京都港区の青山にもち、国内の生産拠点は栃木、埼玉、静岡、三重、熊本の5県9か所にあります。そのほか、各製品の技術開発や性能試験などをおこなう本田技術研究所などのグループ会社があります。また、海外へも広く事業を展開し、南北アメリカ、アジア、ヨーロッパ、アフリカなど、世界のさまざまな地域に生産拠点と研究所をかまえ、現地で必要とされる製品をつくっています。

　ホンダがアメリカのロサンゼルスに販売拠点をつくり、積極的な海外進出をはじめたのは、創業11年後の1959（昭和34）年。創業者の本田宗一郎が世界をめざすと決心したのは、ホンダがまだ町工場のような規模のころだったといいます。ホンダの企業意識は、はやいうちから世界へと向けられていたのです。

▲ホンダの現在のロゴマーク。ホンダを象徴するコーポレートカラー（企業の色）である赤が印象的。

二輪車のシェア世界一

　ホンダは、世界最大手の二輪車メーカーです。2013（平成25）年の二輪車の販売台数は約1679万台で、世界シェア1位。とくに二輪車の需要が多いアジアでは高いシェアをほこります。

　1958（昭和33）年に発売した「スーパーカブ」は、性能にくわえて、手ごろな価格でも、世界じゅうで高い人気をよびました。現在、世

▼初代の「スーパーカブC100」。エンジンの排気量は50ccと小さいながら、走りやすさと操作のしやすさ、耐久性がとことん追求された製品だ。

見学！ 日本の大企業 **ホンダ**

▲ホンダのレース経験から生まれたスポーツカー、NSX CONCEPT。

▲ホンダの四輪車に取りつけられるエンブレム。

界15の国と地域で生産されたカブシリーズは、160以上の国と地域の人びとに愛用されています。2014（平成26）年3月には生産累計台数8700万台を達成し、世界最多記録を更新しつづけています。

2014（平成26）年、スーパーカブのデザインは、日本の特許庁から立体商標＊1として登録されることが決定しました。スーパーカブのデザインそのものが、ホンダの商品であることを示していると認められたのです。乗り物自体の形状が立体商標登録されるのは日本初のことです。

＊1 商標とは、営業者がみずからの商品やサービスであることを示す標識。

四輪車の高い技術

ホンダはまた、四輪車の世界でも、すぐれたエンジン技術をほこる高性能車を生みだしています。本田宗一郎は、二輪車とともに、四輪車でもモーターレースに参戦して（→p15）、世界を舞台に高い技術を示してきました。いまやホンダの四輪車は、日本だけにとどまらず、アジア、南北アメリカ、ヨーロッパ、アフリカ、オーストラリアなどあらゆる地で、「H」のマークのエンブレム（紋章）とともに親しまれています。

さまざまなホンダの製品

ホンダの製品は、二輪車や四輪車だけではありません。ボートの船外機（エンジン）や小型航空機などもあり、またとくに最近では人型ロボットの開発などでもぬきんでた技術を示しています。ほかにも、ユニークな分野では、田畑を耕す耕うん機、芝かり機、発電機、除雪機などの、生活を便利にする汎用製品＊2があります。これらの製品は、いずれも「人びとの役に立ちたい」という思いを実現しようとして生まれました。

＊2 さまざまな用途につかわれる製品。

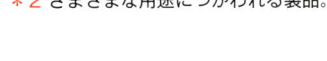

▲ホンダのいくつかの汎用製品。上から、耕うん機「サ・ラ・ダFF300」、ポータブル発電機「EU9i」、除雪機「HSS760n」。いずれも、ホンダを象徴する赤に塗装されている。

2 創業者・本田宗一郎

数かずの名言を残し、経営者としてもひとりの人間としても多くの人に尊敬される本田宗一郎。彼の情熱や経営哲学に共感した多くの人びとが努力をつづけ、ホンダは世界的な企業に成長した。

▶ホンダの創業者、本田宗一郎。1991（平成3）年に死去した。

根っからの技術者

1906（明治39）年、静岡県に生まれた本田宗一郎は、15歳のときに東京都文京区本郷にあったアート商会に自動車修理工として入社しました。好奇心がつよく器用だった本田は、アート商会の主人である榊原郁三に目をかけられ、さまざまな知識や技術を身につけます。その後、本田は静岡県浜松市にもどってアート商会の支店をつくり、そして東海精機重工業を設立しました。しかし第二次世界大戦の末期（1945年8月）、軍需工場の多かった浜松市はアメリカ軍の空襲をたびたび受け、東海精機の工場も破壊されてしまいました。戦争が終わると、本田は「人間休業」を宣言してしばらく仕事を休みました。本田にとって、ほんとうにやりたいことを見つけるまでの充電期間でした。

運命的な出あい

1年後、本田はふたたび動きだします。東海精機重工業の跡地に小さな工場を建て、本田技術研究所と命名しました。そのすぐあと友人の家で、陸軍がつかっていた無線機用の発電エンジンに出あったとき、本田はひらめきました。「自転車の補助動力につかおう」。当時は終戦直後の混乱のなかで、人びとはたくさんの荷物を自転車に積んで移動していました。「みんなを楽にしてあげたい」との思いで技術者だましいを発揮した本田は、家にあった湯たんぽを燃料タンクとして利用するなどくふうしました。試行錯誤をくりかえしてできた自転車用補助エンジンは評判になり、東京や大阪などから浜松まで買いにくる人もいるほどでした。そして1948（昭和23）年9月24日、

◀ホンダ技術研究所の、浜松・山下工場（1952年ごろ）。

▲本田がつかったのと同型の湯たんぽ。

小さな工場だった本田技術研究所は、本田技研工業株式会社（本書では以降「ホンダ」）と名称をかえました。従業員34名からの出発でした。

ものづくりに対する情熱

本田が製品を生みだすときに重視したのは個性です。発想の豊かな本田は、ユニークなアイデアを思いつくとその場にしゃがみこみ、床にスケッチをえがいて技術者に指示を出しました。ときにはアイデアが時代を先どりしすぎていて、製造技術や材料の質が追いつかず、失敗に終わることもあったといいます。それでも「だれよりも新しい製品をつくりだすこと」を夢見て、情熱をそそぎつづけました。

また、本田は経営者としてもすぐれていました。ものごとの本質を見きわめ、将来利益を上げるためにいま何をすればいいか、長い目で見て合理的な判断ができる人物でした。たとえば、本田自身はすばらしい職人技のもち主でしたが、工場でつくる部品は「新人でも組み立てることができる」ものをもとめました。工場の新人従業員や販売店の修理担当者など、職人技をもっていない人でもあつかえることが重要だと考えたからです。職人であるいっぽうで、近代的な経営者の感覚ももっている、それが本田宗一郎という人物でした。

藤澤武夫との二人三脚

新しい製品を生みだすという面ではだれにも負けない本田でしたが、つくった製品を売ることやお金に関するやりとりは苦手としていました。ところがホンダ創業から1年後、本田は知人の紹介で藤澤武夫と出あいます。藤澤は、鉄鋼材や木材などの売買を手がけてきた、すご腕のセールスマンでした。

▲コンビを組んだころの本田宗一郎（左）と藤澤武夫。おたがいに自分にないものをもっていると認めあったふたりは、大きな夢を語りあった。

本田と藤澤は、初対面ですぐに意気投合しました。1949（昭和24）年、藤澤はホンダに常務取締役として入社。その後、ホンダの技術面は本田が、経営面は藤澤が支えていくことになります。ふたりが二人三脚で、ホンダを世界的企業に育てていくのです。

ホンダ ミニ事典

本田宗一郎の名言

本田宗一郎は、自分の考えをしっかりともち、ときにはがんこにその信念にしたがって歩みつづけた人物だった。本田の考え方は現在のホンダにもしっかりと受けつがれていて、彼が残したことばは、いまでも多くの経営者やビジネスマンに感銘をあたえている。

- チャレンジして失敗をおそれるよりも、何もしないことをおそれろ。
- 発明はすべて、苦しまぎれの知恵だ。アイデアは、苦しんでいる人のみにあたえられている特典である。
- 時間だけは神さまが平等にあたえてくださった。これをいかに有効につかうかはその人の才覚であって、うまく利用した人がこの世の中の成功者なんだ。

3 開発にかける思い

数ある大企業のなかでホンダらしさをかたちづくっているもの、そのひとつは、失敗をおそれず、先進的な製品を生みだしていくチャレンジ精神だ。それは、ホンダ創業前の研究所時代からあらわれていた。

オリジナルのエンジンを

本田宗一郎が最初につくりだした改造エンジンは順調に売れましたが、もととなった無線機用エンジンは陸軍のものだったため、そのうちなくなってしまうはずでした。そこで本田は、研究所を株式会社にする前から、独自のエンジンの開発に取りかかっていました。

まねをすることが大きらいな本田は、エンジンのしくみから自分でアイデアを出し、設計していきました。失敗してもそれを次の開発に生かしな

● 試作だけにおわったホンダ初の2ストローク*エンジンの構造

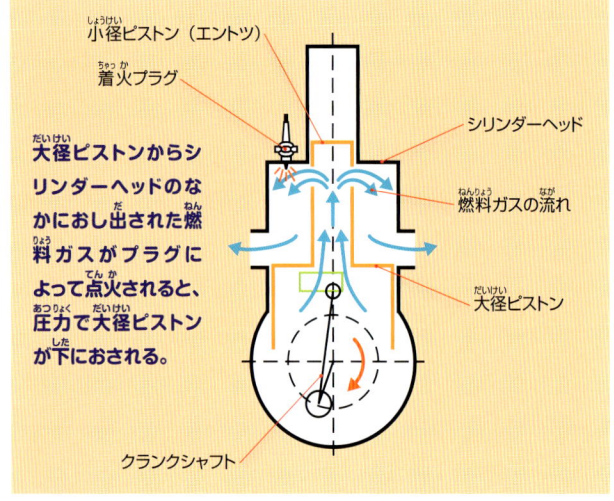

▲凸型のピストンとシリンダーをもつ、通称、エントツエンジン。開発当時は技術も材料もアイデアに追いつかず、トラブルがつづいた。1996（平成8）年にレプリカ（複製品）がつくられたとき、その段階のほかのエンジンよりも燃費（→p13）がまさったという。

*エンジン内でおこなわれる、燃料の吸気、圧縮、爆発、排気の4つの段階を2工程でおこなうこと。

▲「HONDA」のロゴマークが入った最初の製品である、「ホンダA型自転車用補助エンジン」を取りつけた自転車。その独特な音から「バタバタ」という愛称でよばれた。

がら、1947（昭和22）年、とうとうホンダ初の市販製品となる「ホンダA型自転車用補助エンジン」を発売しました。この製品も評判となり、工場へ自転車をもちこんで取りつけをたのむ人や、A型エンジンを自分の店の商品に取りつけて販売する自転車販売店もあらわれました。

製造工程のくふう

ホンダらしさがあらわれていたのは、製品そのものだけではありません。その製造工程にも、本田のくふうがこらされていました。まず本田は、A型エンジンをダイカストでつくることにこだわりました。ダイカストとは、金属でつくった型（金型）に、とかした金属を流しこんで固める製造方法です。ダイカストで製造すれば、同じかた

見学！日本の大企業 **ホンダ**

▲初期のA型エンジンのアルミ燃料タンク。

エンジンからオートバイ製造へ

　エンジンの製造・販売で成功をおさめたホンダは、本格的なオートバイの製造にのりだします。1949（昭和24）年に発売された「ドリームD型」（→p10）をはじめとして、素材や塗装の色、操作にかかわるしくみなど、当時のほかの製品にはなかった新しい特長を採用しながら、新しいオートバイを次つぎと世に送りだしました。

　そして1958（昭和33）年8月、「スーパーカブC100」が登場します。乗りやすさやつかいやすさをとことん追求した、まったく新しいオートバイです。開発には本田や藤澤がヨーロッパへ視察にいき、全社をあげて長い時間をかけて試行錯誤を重ねました。「お客さま第一主義」（→p19）や「三つの喜び」（→p16）など、本田の考えがかたちとなってあらわれたオートバイでした。

ちの金属部品を短時間で大量に生産でき、よぶんなところをけずる必要がないので、材料も手間も少なくてすみます。しかし、ダイカストでの生産に必要な金型を特注すると、お金がかかります。本田技術研究所時代はまだ小さな町工場であり、大量生産とはほど遠かったため、自分たちで金型を手づくりしたといいます。「同じ苦労をするなら、先に苦労しろ」というのが本田の考えでした。

　また、工場の設備にも独自のアイデアがもりこまれました。生産ラインにベルトコンベアを導入したのです。作業する姿勢が楽で、部品の移動距離が短く、製造スペースが少なくてすむように考えられていました。最初は理想どおりスムーズにいかず、苦労の連続だったといいます。しかし、効率的な大量生産をめざすという基本思想は、その後のホンダへと受けつがれました。

▲1956（昭和31）年に科学雑誌で紹介された、浜松・野口工場のコンベアラインによるエンジンの量産工程のようす。

▶「スーパーカブ」の雑誌広告。それまでのオートバイとちがって片手でも運転できるため、そば屋の出前用の乗り物としても大人気となった。

4 世界一であってこそ、日本一

本田宗一郎は、夢を大切にする人間だった。その本田の口ぐせが、「世界のホンダになる」。町工場の社長からとびだすそのことばは、まわりの人間の心もゆさぶった。

本田をやる気にさせた人物

本田が「世界一」を口にしはじめたのは、ホンダ創業と同じ年に、水泳の古橋広之進選手が世界的な活躍を見せたときからだったといいます。1948（昭和23）年に第二次世界大戦後はじめてのオリンピックがイギリスのロンドンで開かれましたが、戦争に負けた日本は参加できませんでした。しかし、オリンピックと同時期に開かれた日本水泳選手権大会の400mと1500m自由形で、古橋はロンドンオリンピックの優勝記録や世界記録を上まわるタイムを出したのです。これは、戦争で負けた日本人を勇気づけました。本田もそのひとりです。同じ浜松出身の古橋の活躍に感動した本田は、社員や入社面接にやってきた人にも、「いまにうちは世界一になる」と話すよう

写真：毎日新聞社

▲「フジヤマのトビウオ」とよばれた古橋広之進。1948（昭和23）年当時は日本が国際水泳連盟から除名されていたため、古橋の記録が公式に世界記録と認められることはなかった。

になりました。その大胆なことばはまわりをおどろかせましたが、その熱意にひかれて、社員も本気で世界をめざして開発に取りくむようになっていきました。

◀▲1949（昭和24）年発売の、ホンダ最初の二輪車となる「ドリームD型」。手によるクラッチ操作（→p19）をなくし、ペダルでおこなうことをはじめて試みた画期的な製品だった。

世界をめざす大きな決断

1952（昭和27）年10月号の社内報「ホンダ月報」には、「世界的視野に立って」という題名の本田の文章がのせられました。

「わたしの願っておりますのは製品を世界的水準以上にまで高めることであります。わたしは、日本の水準と英米等先進国の水準との開きの、あまりにもはなはだしいことをよく知っております。（中略）良品に国境はありません。（中略）日本だけを相手にした日本一は真の日本一ではありません。（中略）いちど優秀な外国製品が輸入されると、日本だけの日本一はたちまちくずれさってしまいます。世界一であってはじめて日本一となりうるのであります。」（一部訂正）

そのころ、ホンダの業績は順調にのびていましたが、それでも本田は不満でした。世界一をめざすといくら意気ごんでも、古い機械をつかって製造していたのでは新しいもの、世界に通用するものをつくれない。そう考えた本田は、それまでほかの会社から買った部品を組み立てる工場しかもっていなかったホンダに、部品から一括して生産をおこなう工場をつくることを決意します。そして、総額で4億5000万円にものぼる最新の輸入工作機械を導入しました。会社の規模はまだそれほど大きくはありませんでしたが、この決断のおかげで、のちに四輪車製造にものりだすことが可能になるのです。

▼1952（昭和27）年当時、ドリームD型とともにホンダの売上を支えていた「カブF型」。「白いタンクと赤いエンジン」が印象的。藤澤が全国の自転車販売店にダイレクトメールを送るというアイデアで販売網をひろげ、大きなヒットとなった。

5 四輪車業界への進出

二輪車メーカーとして出発したホンダは四輪車の開発もはじめた。ホンダはこの分野でも世界に名をとどろかせることになった。

▲軽トラック「T360」。

ホンダ初の四輪車

1958（昭和33）年、ホンダ社内に設計から走行テストまでを担当する、技術研究所第三研究課が発足しました。第三研究課がはじめに手がけたのは、大衆向けの軽乗用車[*1]の開発でした。その後、本田宗一郎や藤澤武夫からの提案により、スポーツカーと軽トラックの開発も進められました。

1962（昭和37）年、東京の国際貿易センターで開かれた第9回全日本自動車ショーで、ホンダはスポーツカーの「S360」と「S500」、軽トラックの「T360」の3車種を出展。ホンダ初の四輪車の登場は、大きな反響をよびました。そして1963（昭和38）年、T360とS500とが発売されました。

軽乗用車の市場へ

このころ、日本は急速に経済が発展し、モータリゼーション[*2]が進んでいました。人びとのほしいものといえば「3C（カラーテレビ・クーラー・自動車）」といわれるほど、乗用車の需要が高まっていました。ホンダは、本格的な量産車として軽乗用車の生産をおこなうことを決めます。

[*1] 日本の自動車の分類でもっとも小さい規格。この当時は排気量360cc以内だったが、1990（平成2）年10月以降は660cc以内となった。
[*2] 自動車が一般的な乗り物となり、個人の生活必需品として普及すること。

▲2013（平成25）年の東京モーターショーのときに復刻された「S360」。

◀第9回全日本自動車ショーに展示された「S500」。

見学！ 日本の大企業 ホンダ

▲狭山製作所（現在の埼玉製作所狭山工場）で次つぎに生産される「N360」。

▲初代「シビック」の日本カー・オブ・ザ・イヤー表彰式。

当時すでにあった他社の軽乗用車は、普通の乗用車とくらべてスピードが出ず、車内空間のせまさが気になるものが多くありました。そこで、乗る人がなるべくゆったりとすわれるよう、車内空間を最大限に広くすることをめざして設計がおこなわれました。また、小型乗用車なみのパワーと速度、燃費[1]も実現しました。しかも価格は他社の軽乗用車を数万円下まわる設定にしました。

1967（昭和42）年に発売された「N360」は、爆発的な人気をまきおこします。発売後数か月で軽乗用車トップとなり、その後44か月連続で、国内軽乗用車販売第1位となりました[2]。

▲初代の「シビック」。

世界的ヒットとなった乗用車

その後、ホンダは小型乗用車の生産にものりだします。1972（昭和47）年発売の「シビック」は、革新的な技術とデザインで人びとをおどろかせ、3年連続で日本カー・オブ・ザ・イヤー[3]を受賞。また、1976（昭和51）年発売の「アコード」は、デザインや乗り心地のよさ、運転のしやすさ、音の静かさなど、すべてにわたって高い評価を受けました。国内で記録的な大ヒットとなったシビックやアコードは国境をこえ、海外でも人気となります。「良品に国境なし」という本田のことばどおり、四輪車の市場でも、ホンダの技術力の高さが世界に証明されたのです。

▲初代の「アコード」。

[1] 二輪車や四輪車が、ある距離を走るときに必要な燃料の量。
[2] ホンダ調べ。
[3] 日本で発売された乗用車のなかから、その年にもっとも優秀だとされたものにあたえられる賞。

6 レースにかける情熱

ホンダの企業文化のひとつがモータースポーツ活動だ。10代のころからモータースポーツへの情熱を燃やしていた本田宗一郎は、自社製品でレースに出場するという夢を実現させた。

走る実験室

本田にモータースポーツの魅力を教えたのは、本田が15歳で入社したアート商会の主人、榊原郁三でした。榊原とともに日本のレースに参加した本田は、自分の会社を立ちあげてからもレースへの情熱をもちつづけます。1954（昭和29）年、ブラジルのサンパウロで開かれたオートバイレースの国際大会に日本のメーカーとしてはじめてホンダ車を参加させ、世界との差を思いしらされた本田ですが、なんと今度はマン島TTレースへの出場宣言をしました。マン島TTレースは、イギリス領のマン島でおこなわれる、世界最高峰といわれるオートバイレースです。

レースに出場するためのオートバイは、より大きなパワーをもち、一般の道路では走れないような猛スピードで走行するなど、市販の製品とはことなります。しかし、レースに出場して入賞すれば、製品の告知につながりますし、ホンダ製品の性能の高さも示すことができます。また、レースへ挑戦することでみがかれた技術は、市販車づくりに生かすことができます。本田はモータースポーツに挑戦する理由を、「レースは走る実験室」と答えています。世界を舞台にレースを戦うことで、自社の製品を世界レベルにまで引きあげようと考えたのです。

▲1959（昭和34）年に参加したマン島TTレースで6位に入賞した谷口尚己とホンダRC142。ほかのメンバーは7位と8位でゴールし、メーカーチーム賞を獲得した。

あこがれのマン島TTレースに出場

マン島TTレースへの出場宣言の発表直後、ホンダは経営の危機におちいります。当時の主力製品に次つぎと問題がおこり、売れなくなってしまったのです。問題解決に走りまわり、資金調達に苦しみましたが、それでも本田はレース参加のための開発をやめま

◀アート商会時代、本田は榊原を手つだってレースカーのカーチス号を製作。1924（大正13）年、第5回日本自動車競走大会で優勝した。写真中央が本田、左が榊原。

見学！日本の大企業 ホンダ

▶現在、鈴鹿サーキットではF1の日本グランプリをはじめ、8時間耐久ロードレースなどが開催されている（写真は2014年度のレースのもよう）。

せんでした。

1959（昭和34）年、ホンダはマン島TTレースに初出場し、125ccクラス*1でメーカーチーム賞を受賞。日本の新聞でもホンダが団体優勝したことが報じられました。2年目にはマン島TTレース以外の世界戦にも参加。そして3年目、とうとうマン島TTレースの125cc・250ccクラス*1の両方で、1位から5位までをホンダが独占しました。その結果を聞いた本田は、「何がうれしいって、夢がかなって……」と感激して、声をつまらせたといいます。その後、1968（昭和43）年にレースが休止となるまで、ホンダはマン島TTレースで優勝しつづけました。1979（昭和54）年からは、二輪世界選手権に参戦しています。

F1への参戦とサーキットの建設

1964（昭和39）年、四輪車を市販してまもないホンダは、今度はF1*2レース世界選手権への出場を宣言。その年のドイツグランプリで初出場をはたし、最高9位まで追いあげて最後は13位となりました。翌年のメキシコグランプリでは念願の初優勝。参加休止などをはさみながらも、ホンダは二輪車・四輪車の世界のさまざまなレースに挑戦しつづけています。2015（平成27）年からは、ふたたびF1レースに参戦する予定です。

レースへの情熱は、日本に本格的な国際規格のサーキットを建設するというかたちでもあらわれました。1962（昭和37）年の三重県の鈴鹿サーキットと、1997（平成9）年の栃木県のツインリンクもてぎのどちらも、ホンダが完成させたものです。いまや、どちらのサーキットでも世界的なレースがおこなわれています。

ホンダ ミニ事典

芝かり機!?

レースへの情熱は、二輪車や四輪車だけでなくほかの製品にも発揮される。汎用製品（→p5）のひとつである芝かり機「HF2620」は、操縦者が乗って動かすタイプのマシーン。レーシングカーのような走りをめざして改造され、時速180km以上のスピードが出る。もちろん、きちんと芝をかることもできる。

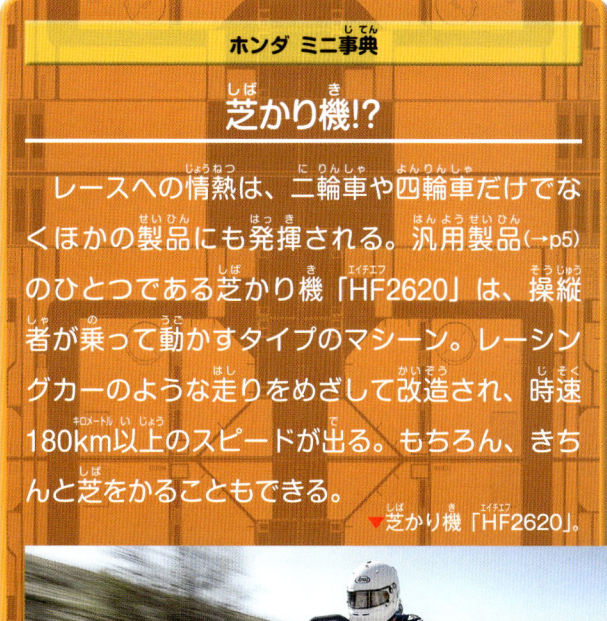

▼芝かり機「HF2620」。

*1 エンジンの排気量（エンジンシリンダ容量の合計）の大きさで、125cc、250ccなどとクラス別にレースをおこなう。
*2 国際自動車連盟が主催する、自動車レースの最高峰。そのトップグループが世界を転戦して、年間16〜19戦のレースをおこなう。

7 ホンダの理念を支える哲学

本田宗一郎と藤澤武夫は、企業のあるべき姿をつねに考え、社員に伝えてきた。それがホンダ・フィロソフィー（哲学）だ。

▲多くのバイクがならぶインドの駐車場。アジアの多くの国ぐにでは、時には「Honda」という名前がバイクそのものをさすほど、ホンダの二輪車が普及している。

世界じゅうで共有するフィロソフィー

ホンダ・フィロソフィーは、「人間尊重」「三つの喜び」からなる基本理念と、「社是」「運営方針」で構成されています。世界じゅうのホンダの社員一人ひとりが共有する価値観であり、企業活動の基礎となっています。ホンダは、世界じゅうの顧客や社会と、喜びと感動を分かちあうことをめざしているのです。

三つの喜び

1951（昭和26）年9月、創刊されてまもないホンダの社内報「ホンダ月報」に、「三つの喜び」という、本田の考えをまとめた文章が掲載されました。

三つの喜びとは、「つくる喜び」「売る喜び」「買う喜び」です。本田は、技術者がその独自の

● 「三つの喜び」相関図

▶ホンダの自動車に乗る喜びは、世界じゅう、どこの国でもかわらない。

▼ホンダ・アメリカは、2013年3月、4つの工場で四輪車生産累計2000万台を達成した。

▼アメリカでおこなわれた、新型車の納車セレモニー。売る者の喜びが、お客さまにもつたわる。

買う喜び ― つくる喜び ― 売る喜び

見学！日本の大企業 ホンダ

▼自動車大国アメリカでもホンダの四輪車は人気。「アコード」（2014年モデル）によりそうホンダ車のオーナー。

アイデアによって文化と社会に貢献する製品をつくりだすことは、何ものにもかえがたい喜びであると語っています。また、メーカーがつくりだした製品の品質・性能が優秀で価格が安いと、その製品はよく売れます。販売に協力してくれる人たちには、利益とその製品をあつかうほこり、喜びがあると考えています。そして、買った人が「ああ、この品を買ってよかった」と喜んでくれることこそが、製品の価値におかれた栄冠であるとしています。これらは、お客さまの立場で考える重要性とともに、本田が社員たちにことあるごとにいっていたことです。そして、その精神は現在もなお引きつがれています。

社是

「社是」とは会社の経営方針のこと。現在のホンダの社是は、「わたしたちは、地球的視野に立ち、世界じゅうの顧客の満足のために、質の高い商品を適正な価格で提供することに全力をつくす」となっています。これは、1956（昭和31）年1月にホンダ月報上で発表された文章を、一部変更したものです。もとは、「地球的視野」は「世界的視野」となっていました。ホンダは、限りある地球の資源を利用する一企業として、地球と「共生」、つまりともに生きようとする思いを、「地球」という文字にこめたのです。

運営方針

運営方針も、もとは社是とともにホンダ月報に掲載されました。ホンダ社員が心がけるべきことを示したことばで、現在の運営方針は次のようなものです。

- つねに夢と若さをたもつこと
- 理論とアイデアと時間を尊重すること
- 仕事を愛しコミュニケーションを大切にすること
- 調和のとれた仕事の流れをつくりあげること
- 不断の研究と努力をわすれないこと

（ホンダ会社案内2014年版より抜粋）

これらのことばにも、本田の普段の考え方があらわれています。

ホンダ ミニ事典

新入社員諸君！

毎年の新入社員入社式で、歴代の社長はほとんどホンダ・フィロソフィーにふれてきた。本田宗一郎が考えた原点を、将来ホンダを支えていく若者たちに、ぜひ理解してほしいという思いからだ。2014（平成26）年4月の入社式で、社長の伊東孝紳は次のように述べた。

「ホンダ・フィロソフィー（で）とくに大事なのは、『人間尊重』と『三つの喜び』ということばです。『人間尊重』とは、個性を尊重し、平等な関係に立ち、たがいに信頼し、一人ひとりが持てる力をつくすことで、ともに喜びを分かちあうということをあらわしています。『三つの喜び』とは、企業活動をするなかでお客さまの喜びがわたしたちの企業活動に活力をあたえ、ますますお客さまに喜んでいただけるような製品やサービスを提供することで真の喜びがえられ、会社も発展するという考えです。」（一部訂正）

8 お客さまを第一に品質向上をめざす

本田宗一郎は、どんなときでも「お客さま第一主義」をつらぬいた。新製品を開発するときには、つかう人の立場であらゆる点を考えぬくのが本田流だ。

◀製品は、あくまでも親切であれ

「お客さんに迷惑をかけるようなものをつくるな！」というのは、本田が社員に徹底していいきかせていたことでした。「ものをつくるときには、それといちばん長いことつきあわなきゃならない人のことを考えろ。いちばん長いのはお客さんだ。その次は売った店の修理工。その次が、うちの工場の人間だ。ずっとつかう人の身になって考えたら、不親切なものなぞ設計できないはずだ！」（一部訂正）

その考え方は、ホンダ最初の製品であるＡ型エンジン（→p8）の製造のころから社員にゆきわたっていました。たとえば、ネジがひとつゆるんだとしても、すぐにはこわれないような設計にしてありました。はやいスピードで走る乗り物ですから、安全性を考慮したのです。

また、点検や修理をしやすいくふうもありました。修理する人がこまらないよう、特殊な工具がなくても分解や組立ができるようなつくりにしてあったのです。すべて、製品を購入してくれた人への思いやりから生まれたものでした。

◀120％の良品をめざす

本田の口ぐせには、「120％の良品をめざせ」というのもあります。100％をめざすと、人間のすることだから1～2％くらいはミスをします。しかし、その1％（1台）を買ってしまった人にとっては、1％が100％なのであり、その1台でホンダの技術を信用しなくなってしまうのです。だからミスをなくすために、120％をめざさなければならないといいます。

あるとき、社員が品質管理のためのぬきとり検査＊について、本田に説明しました。1000にひとつの不具合があるかもしれないが、不良品が外に出てしまったとしても、全部の検査をするよりはずっと経済的だといいました。これを聞いて、本田ははげしくおこりました。窓の外を走るオートバイに乗った若者たちを社員に示し、いいまし

＊大量に生産した製品の全体から、一部をぬきとって品質の検査をすること。すべての製品の検査をするには手間や費用がかかりすぎる場合などにおこなわれる。

▶ホンダの浜松・野口工場でおこなわれていた、Ａ型エンジンの機械加工のようす。

見学！日本の大企業 **ホンダ**

▲ホンダの熊本製作所では、表面にきずがないかなどもふくめ、細心の注意をはらって完成車検査がおこなわれる。

た。「あの連中はな、とぼしい給料のなかから月賦*1でドリーム（夢）を買ってくれているんだ。おれたちは、若者たちからもらうお金を積みかさねて、工場を経営したり部品を買ったりしてるんだ。おまえは1000台に1台ならいいというけど、あの若者にとっちゃ1台のなかの1台よ。100％の不良品よ。いいと思うか。」（一部訂正）社員は何もいえませんでした。

*1 代金を月ごとに分割してしはらう方法。

お客さま第一主義

ホンダを代表するオートバイである「スーパーカブ」は、本田が、100％お客さまの立場にたってつくった製品だといわれます。パワーがあるのに音が小さく、燃費のいいエンジン。足でふむだけでクラッチ操作*2のできるペダル。スカートをはいた女性でも乗りおりしやすいよう、またぎやすくした車体デザイン。だれでも買いやすいようにと、おどろくほど安く設定した価格。すべてがお客さまの満足を第一に考えてつくられました。テスト走行のときには、本田みずからがぬかるんだ道路を走って、どろはねのかかり具合をチェックしたといいます。

本田の「お客さま第一主義」は、ホンダの企業理念としていまも受けつがれており、全世界のホンダのグループ会社にも文化として広がっています。

*2 エンジンと変速機のあいだに取りつけられている動力伝達装置。発進、加速・減速、停止のときにエンジンの力を変速機に伝えたり切りはなしたりして、走行をスムーズにする役割がある。

◀▲当時、オートバイは男性の乗り物だった。本田は女性でも気軽に乗れるように、ステップスルー（ハンドルとサドルのあいだの部分）をできるだけ低くし、足を高く上げなくても乗りおりできるようにした。

9 世界に進出するホンダの生産拠点

ホンダの海外展開は、1952（昭和27）年からはじまった。最初はカブF型を台湾へ輸出、その後、アジアやアメリカで生産をはじめた。

まずはアメリカへ

海外への輸出を拡大するにあたって、役員のなかには販売業務を商社*にまかせるべきだという意見もありました。しかし販売戦略を取りしきる藤澤武夫は、アメリカにホンダ自身の販売会社を設立し、自社で販売ネットワークをつくることにしました。ほかの会社にまかせると、ホンダの思いどおりのビジネスを展開できないこともあるからです。また、長いあいだつかってもらうため、責任をもってアフターサービスをおこないたいとも考えていました。

趣味やレース用の大型バイクが主流のアメリカで、ホンダ製のオートバイはなかなか売上がのびませんでした。しかし、現地スタッフの地道な努力と広告への思いきった投資で、普段の生活で気軽につかえる交通手段として認知され、順調に売れるようになっていきました。自社の販売ネットワークをきずいたおかげで、きめ細かな対応ができたことが成功の要因でした。

*取引や貿易などで、商品の売買をおもな業務としている会社。

ヨーロッパへの進出

いっぽう、ホンダはさらなる輸出拡大のため、1961（昭和36）年、西ドイツ（いまのドイツ）

◀1963（昭和38）年にアメリカで大きな反響をよんだポスター。ホンダ製のオートバイが日常的に気軽につかえる乗り物であるというイメージをつくった。

のハンブルクに販売会社を設立しました。しかしこのころ、ヨーロッパの国ぐにには産業保護のため、欧州経済共同体（EEC）という経済協力体制をつくり、EEC以外の国から輸入される完成車に、輸入制限や高い税金をかけていました。その対策として、ホンダは生産自体をヨーロッパ内でおこなうことにしたのです。1962（昭和37）年、生産から販売までをおこなう会社がベルギーに設立されました。ホンダとしてはもちろん、日本企業としてもEEC内に生産工場をつくるのははじめてのことでした。ここから、各地域の人びとに喜んでもらえる製品づくりのため、「需要のあるところで生産する」というホンダの基本姿勢がかたちづくられていったのです。

世界にひろがる生産拠点

アジアへの進出は、1963（昭和38）年からはじまりました。まずはシンガポールに事務所を立ちあげて準備を進め、翌年にはタイのバンコクに東南アジアの活動拠点となる販売会社を設立。さらに1965（昭和40）年、生産拠点をつくって現地生産をはじめました。

現在、ホンダの生産・販売活動は全世界に広がっています。みずからが資本を出したグループ会社の設立以外にも、現地パートナー企業との合弁＊など、その国の政策やさまざまな事情にあわせたかたちで展開しています。それは、各地域の社会に根づいた活動をおこない、現地で必要とされる製品をすばやく供給することをめざすという考え方のあらわれです。

＊ことなる国の企業が事業をおこなうために、共同で資本を出しあってともに経営にたずさわること。

●各国の事情にあわせて発売された車種と製品

▲インドで生産するオートバイには、女性の民族衣装サリーのすそが車輪にまきこまれないように、サリーガードがついている。

▲タイで、政府のエコカー認定基準をクリアした小型エコカーの「ブリオ」。

▶アフリカのナイジェリアで2013（平成25）年に発売した新型二輪車、「CG110」（排気量110cc）。現地の必要性にあわせて、燃費性能と耐久性にこだわって開発され、価格もおさえた。販売価格は日本円にして約6万5000円。

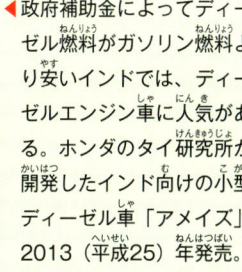
◀政府補助金によってディーゼル燃料がガソリン燃料より安いインドでは、ディーゼルエンジン車に人気がある。ホンダのタイ研究所が開発したインド向けの小型ディーゼル車「アメイズ」。2013（平成25）年発売。

10 ものづくりを追求するホンダの生産技術

いままでの常識にとらわれない新しいものづくりを追求しつづけるホンダ。その製造工程にも、さまざまな独自のくふうがこらされている。

独自の工作機械をつくる

　ホンダは、その創業当時から革新的なものづくりにこだわってきた会社です。しかし、いままでになかったものをつくるためには、あらたに部品や、その部品をつくったり組みあげたりする工作機械もつくる必要があります。ホンダが二輪車メーカーとして頭角をあらわしてきた当時、ホンダのものづくりの考え方を理解してくれる部品メーカーや工作機械メーカーは多くありませんでした。また、ホンダが求める価格や完成品の精度、納期も思うようにいかないことが多くありました。

　そこでホンダは、自社の生産工場に加工機械をつくる工機部門をもうけます。スーパーカブなどのヒット商品が生まれ、やがて四輪車の製造がはじまると、量産体制を組むために工機部門を独立させた製作所をつくり、金型工場も建設しました。こうして、ホンダの独創的なものづくりを支え、他社に対する競争力を高める地盤ができあがっていきました。

独自のロボットを開発

　1970年代（昭和45〜54年）に入ると、国内では産業用ロボットやコンピューター制御による最新設備の導入がはじまりました。とくに金属部品をつなぎあわせる溶接作業は、重労働であるうえに高熱や強い光による危険があるため、積極的にロボットがつかわれるようになりました。

　ホンダでは、この作業をより短時間で効率的におこなえるよう、溶接ロボットの開発を進め、ロボットだからこそ可能な工程や作業を考えました。その結果できたのがホンダ独自のサル・カニロボットです。天井からつるされて車体の上部や側面から溶接するのをサルロボット、床面に設置されて車体下部の溶接をおこなうのをカニロボットとよびました。上下左右からいちどに作業をするので、溶接にかかる時間を飛躍的に短くでき、作業スペースも縮小できます。このシステムは、世界一コンパクトな溶接ラインとして業界でも高い評価をえました。1986（昭和61）年には、生産技術におけるすぐれた業績におくられる「大河内記念生産賞」を受賞しました。

▲工機工場で組み立てられる工作機械。各種の部品加工に最適な性能・機能を発揮するように、多くのアイデアが組みこまれた。

見学！日本の大企業 **ホンダ**

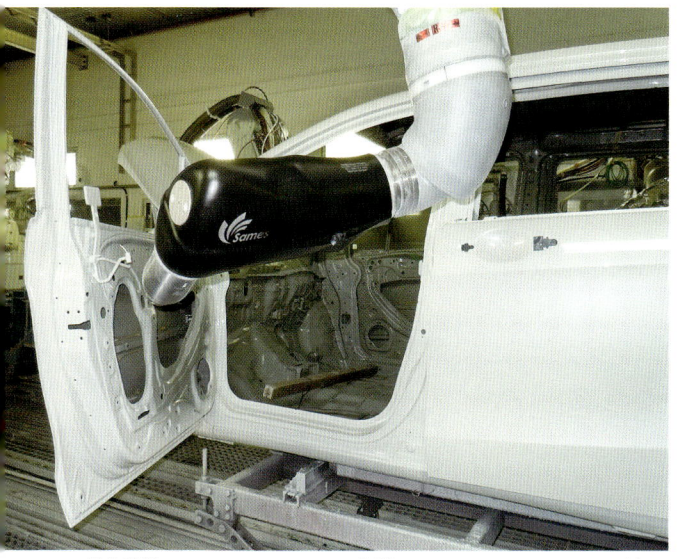
▲寄居工場でつかわれるロボット塗装のテストのようす（2012年12月）。

▲寄居工場での溶接作業。ほとんどすべての工程をロボットがおこなう。

最新の工場でロボット化をおし進める

近年になって、作業のロボット化が進んだ分野のひとつが車体の塗装作業です。2013（平成25）年7月から四輪車の生産を開始した埼玉製作所寄居完成車工場では、塗装ロボットシステムを導入しました。コンピューターで管理されるロボットは、曲面やいりくんだ部分にも、均一で、すぐれた品質の塗装をおこないます。さらに、塗装方法と塗料の改良で、それまでおこなわれていた4段階の塗装を、3段階にすることができました。その結果、塗装の工程が40％も短縮され、作業によって生じる二酸化炭素（CO_2）も40％へらせました。

そのほかにも、寄居工場では最新の技術と設備で、ロボット化と改善を進めています。
- 火花のとびにくい溶接作業を採用
- 大型塗装ロボットから、小型ロボットへ転換
- ガラス、タイヤ、インパネ*など、重量物のとりつけ作業を人から自動化へ変更

なお、寄居工場で採用された技術は、メキシコ、中国、ブラジルなど、世界じゅうの新工場へ展開される予定です。

*運転席前の計器がならんだパネル。

▶寄居工場での完成車組立のようす。

最新工場の環境保護への取りくみ

寄居工場では、ホンダが取りくんできた環境対策のひとつとして、CO_2の低減など、世界トップクラスの省エネルギーを実現しています。そこでは、次のようなシステムを導入して、「もっとも環境負荷（環境への負担）の小さい製品を、もっとも環境負荷の小さい工場でつくりだす」ことをめざしています。

- エネルギーを適切に管理するシステムを導入して、発生するCO_2を低くおさえる。
- 室内全体ではなく、作業空間だけを冷房で冷やすことで、空調システムのエネルギーを40％おさえる。
- ソーラー（太陽光）発電装置を導入して、CO_2の排出量を低くおさえる。

11 最先端を走りつづける

天才・本田宗一郎が育てあげた会社をさらに発展させるために、ホンダは各分野の専門的な技術者の力を最大限に生かせるしくみをつくった。それは、安全向上に向けた最新のテクノロジーにつながっている。

藤澤武夫の願い

新しい製品の開発をする設計部門と研究部門は、もともとはホンダ社内にありました。研究と開発こそが会社の発展につながると考えていた藤澤は、研究部門の独立をうったえました。「時代が求める品物を、みずからの手でほりだしていくべきこと」「本田宗一郎ひとりにたよらず、集団としての能力を組みあわせて向上していくしくみをつくるべきこと」「研究者が能力を最大限に発揮し、研究に専念できる組織をつくるべきこと」。この提案がとおらなければ、藤澤は会社をやめる覚悟だったといいます。

▲1961（昭和36）年11月、本田技術研究所の新社屋完成を記念して、社員全員が集合した。

技術研究所の設立

1960（昭和35）年、藤澤の思いがかたちとなり、ホンダ本社から独立したひとつの企業としての本田技術研究所があらたに設立されます。その社長となった本田は、「この競争のはげしいなかで、まったく独創的なアイデアを時間をかせいでつくりださなければ、世界を相手にたちうちできない。日本という国は、昔からアイデアで発展してきた国である。われわれの使命は、それを時間でかせぐことによって発展させていかなければならない」とのべました。

株式会社本田技術研究所は現在、埼玉県の和光市に本社があり、四輪車のデザインと、航空機エンジン、人型ロボットの研究開発などをおこなっています。また埼玉県朝霞市や栃木県芳賀町などにも開発をおこなう拠点とテストコースなどがあります。これらの研究所では、ホンダの技術者が日夜独創的なアイデアをたたかわせています。

▲本田宗一郎（左）と当時副社長だった藤澤武夫（1972年）。

見学！日本の大企業 **ホンダ**

事故ゼロ社会をめざして

ホンダが技術向上に取りくんできた理由には、エンジンの性能を高めることや、燃費を向上させてCO_2をへらすなど、環境にやさしい自動車づくりをめざすほかに、最重要テーマとして安全性能の向上があげられます。それはいいかえれば、人が運転する車両につきものの事故をへらし、自動車と人間が楽しく安全につきあえる社会をつくることです。ホンダはこの分野でもホンダらしさを発揮し、人のやらないこと、最高基準の目標をかかげて技術の発展に取りくんでいます。

●アクティブセーフティー

「事故を未然に防ぐ」という考え方から、四輪車や二輪車の各パーツを徹底的に研究し、最新のテクノロジーによる技術をくわえて、計50項目以上の安全技術を生みだした。以下はその一例。

(1)ブラインドスポットインフォメーション

ドアミラーからの死角内にいる車両を検知し、ミラー面に警告表示を点灯して、ドライバーに知らせる。

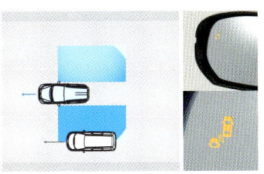

(2)フロントブラインドビュー

フロントグリル（前方部）にとりつけられた左右180度が見られる小型カメラ（魚眼レンズ）によって、見とおしの悪い交差点などで左右の安全を確認できる。

(3)シティブレーキアクティブシステム

時速30km以下で走行中、前方車両と衝突しそうになると、自動ブレーキがかかる。また、前方に障害物があるときの急発進を防止する。

●パッシブセーフティー

万一衝突事故がおきたときでも、人への傷害を最小限におさえるという考え方から、およそ30項目の安全技術を生みだした。以下はその一例。

(1)歩行者対応ポップアップフード

歩行者に正面から衝突してしまうような事故の場合に、ボンネットフード（前方のエンジン部のふた）の後ろがわをもちあげて、空間をつくり、歩行者の頭部への衝撃をやわらげる。

(2)サイドカーテンエアバッグシステム

ホンダは1986（昭和61）年に、運転席エアバッグを国産車にはじめて採用した。最新のエアバッグシステムでとびだすサイドカーテンは、側面からの衝突に対して、ドライバーや同乗者の衝撃をやわらげることができる。

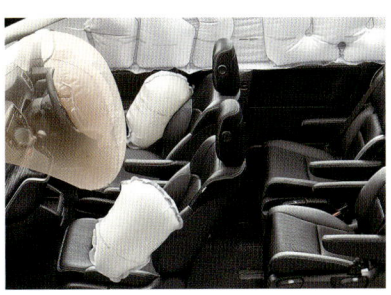

(3)二輪車用エアバッグ

二輪車の運転手が前へとびだすような前面衝突のときに、衝撃を弱めて、傷害を軽くする、世界初のシステム。

12 暮らしを豊かにするための新技術

ホンダでは車両以外にも、さまざまな事業がおこなわれている。そこには、豊かな暮らしの実現のために技術を活用するというホンダの思いがある。

▶ 人とともに生きるロボット

ホンダは、人の役に立ち、生活を豊かにするという夢を技術で実現するため、ヒューマノイドロボット（人型ロボット）の開発にも力をそそいできました。そうして生まれたのが、なめらかな二足歩行と人間のような動きで世界をおどろかせた「ASIMO」です。ASIMOとはAdvanced Step in Innovative Mobility（新しい時代へ進化した革新的モビリティ）のかしら文字をとったものとされますが、「脚」と「明日」の意味もふくまれているといいます。

開発がはじまったのは、1986（昭和61）年のこと。それから何代かにわたってデザインも技術も進歩してきました。最新型では、人の歩く方向を予測して、ぶつからないように進むことや、簡単な会話の受け答えをするなど、高度なテクノロジーによって自分で考えて行動することができる

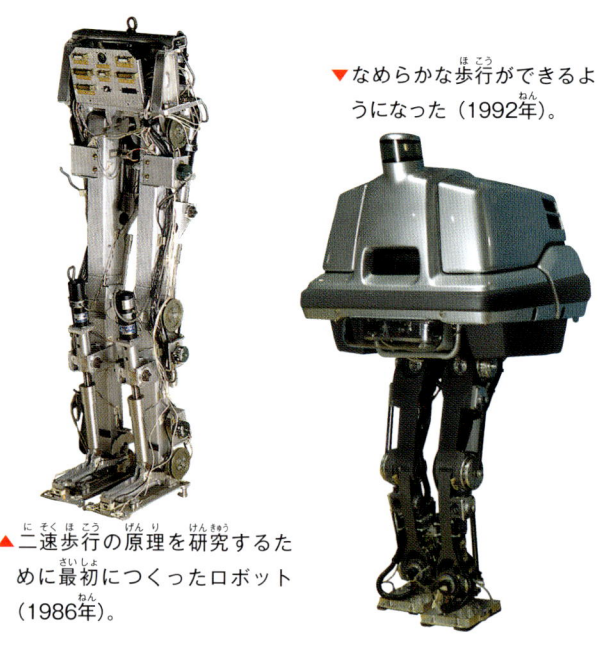

▶なめらかな歩行ができるようになった（1992年）。

▲二足歩行の原理を研究するために最初につくったロボット（1986年）。

◀▼歩く、走る、階段をのぼるといった動作のほか、ものの受けわたしやワゴンをつかった運搬もできるようになった最新型の「ASIMO」。

見学！ 日本の大企業 **ホンダ**

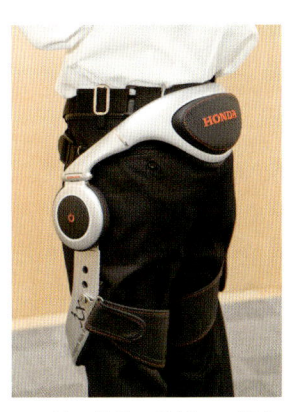

▲人の歩行を研究した成果をもとに、足のふりだしを補助して歩行をサポートする「歩行アシスト」。

航空機をつくる夢に向かって

オートバイや自動車、ボートなど陸や海の移動手段にくわえ、空を自由にとぶ製品をつくることは、創業当初からのホンダの夢でした。

1986（昭和61）年、航空機と航空機用エンジンの研究をはじめたホンダは、現在、小型ビジネスジェットの量産・販売に向けてちゃくちゃくと準備を進めています。公共の交通機関としてではなく、いそがしくはたらく企業や個人が自由に空を行き来できる未来のために、ホンダは挑戦をつづけています。

ようになっており、人間の生活に実際に役だつことが夢ではなくなってきています。

また、現在ASIMOの技術は、足の力が弱まった人の歩行をサポートする「歩行アシスト」や、危険な場所などで作業をおこなう調査用ロボットなどにも応用するため、研究が進められています。

▼アメリカやヨーロッパではすでに受注を開始している「HondaJet」。2014（平成26）年6月には、量産1号機の初飛行がおこなわれた。

▼世界初の人型自立ロボット。身長182ｃｍ（1996年）。

▶小型軽量化がすすんだ。身長160ｃｍ（1997年）。

◀「HondaJet」の内装。

13 人びと社会とよりよく生きる

本田宗一郎は、「技術を通じて世の中に貢献すること」をつねに考えていた。その思いはホンダのさまざまな社会貢献活動につながっていった。

安全運転を広めるために

1970年代（昭和45〜54年）、モータリゼーション（→p12）が進むにつれて、交通事故の増加が深刻な社会問題になっていました。人命をあずかる自動車をつくっている企業として、ホンダは正しく安全な運転を普及させる責任があると考えました。まだ「安全運転」ということばもあまり広まっておらず、参考にできるような組織もなかった時代に、ホンダはいちはやく安全運転の普及活動にのりだしたのです。

現在は、全国7か所にホンダの交通教育センターがもうけられています。四輪車向けのドライビング・スクールや二輪車向けのモーターサイクリスト・スクールを開催するほか、企業や学校への交通安全教育をおこなっています。また、「手わたしの安全」を提供しようと、販売会社の店頭やイベントで、安全運転についての説明やアドバイスもおこなっています。

▲自動車やバイクをより安全に、より楽しく乗ってもらうため、実技を主体とした安全運転スクールを開いている。

▲浜松製作所のHonda Woodsには、季節の花がさき、果実が実り、水辺にはさまざまな生き物が集まる。

Honda Woodsとビオトープ

ホンダの国内工場や研究所には、「ふるさとの森」とよばれる、さまざまな種類の木を植えて人の手をあまりくわえない、自然の森のようなしげみが周囲にありました。「生産工場と地域のあいだには、結びつきをさえぎるようなコンクリートの壁はつくらない」という本田の考えがきっかけで、1976（昭和51）年にはじめられたものです。

ところが2000（平成12）年がすぎてスタートから30年ほどたつと、「ふるさとの森」は大きく成長し、問題が出てきました。木の高さは20mほどにのび、周囲の道路や住宅地にまで大きく枝をはりだして、落ち葉を大量にふらせるようになりました。森は、地域社会との結びつきをつくるどころか、草木がうっそうとおいしげり、人が入りにくい場所になっていました。

そんななか、2000年代なかばからいくつか

見学！日本の大企業 **ホンダ**

▲寄居工場ではビオトープに、オオサンショウウオ、ホトケドジョウなどの希少生物を保全しようとしている。

の工場ではあらたな動きがはじまります。「ふるさとの森」を地域社会とのコミュニケーションのために再活用する改修計画がたてられました。専門家の助言にしたがって、森を自然のままではなく、必要に応じて人間が手を入れて管理することで、日本古来の「里山*1」をつくるというものです。このあらたな森は、「Honda Woods」と命名されました。現在、ホンダの浜松製作所や寄居工場(→p23)では、Honda Woodsの一画に池や小川をそなえたビオトープ*2をつくり、昆虫ゾーンや水辺ゾーンなどに区わけをし、案内ルートをつくり、地域の子どもたちが学習の場として活用できるようになっています。

*1 都市と大自然のあいだにあり、人とのかかわりが深い森林や野草地。
*2 都市などで人間によって自然環境が再構成され、生物がありのままに生息する場所。

子どもの夢を育てたい

本田宗一郎の「世界一のメーカーに」という思いからはじまり、つねに夢を原動力としていまの地位をきずきあげてきたホンダ。大きな夢をもつこと、夢の実現に向けて挑戦することのすばらしさをよく知るからこそ、夢の大切さを子どもたちに伝える活動にも力を入れています。

常識にとらわれない想像力や、夢をかたちにする楽しさを伝える「子どもアイディアコンテスト」、つくる楽しさを体験してもらう「ドリームハンズ」、つくる楽しさとともに自然の大切さも教える「環境わごん」などのプログラムが用意されています。

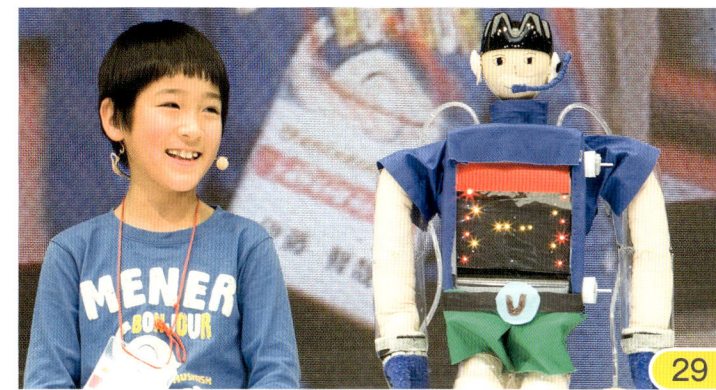
▲2002（平成14）年にはじまった「子どもアイディアコンテスト」。

▶接着剤とクリップでオリジナルの段ボールクラフト（右）をつくる「ドリームハンズ」。

▼「環境わごん」は、丸太や木の葉、木の実、石ころなどをワゴン車に積みこんで、各地をおとずれる出前型の環境教育プログラム。

29

14 環境を大切にするホンダの思い

「子どもたちに青空を」をモットーに、地球環境の保全と走る喜びの両立をめざしてきたホンダは、環境を守ることを社会に対する責任と考えている。

低公害エンジンの先がけ

モータリゼーション（→p12）によってもたらされた問題は、交通事故だけではありません。排出ガスによる大気汚染も、世界じゅうで深刻になっていきました。日本では健康被害や光化学スモッグ[*1]の発生が問題となり、1971（昭和46）年に環境庁（いまの環境省）が発足するきっかけとなりました。アメリカでも、大気汚染を防止するための法律や排出ガス規制が整備されていきました。とくに1970（昭和45）年に施行された大気清浄法（通称マスキー法）は、その規制のきびしさに当時の技術では達成不可能といわれていました。

四輪車業界へもっともおそく進出したホンダは、これをチャンスととらえました。排出ガス問題に対処した製品を開発すれば、この分野では先をいく他社より技術的に先行することができるのです。ほかのメーカーと同じ研究をしていては追いつくことがむずかしいと、他社でおこなわれていない方向から研究を進めることにしました。

1972（昭和47）年10月、ホンダはCVCCエンジン[*2]の完成を発表。同年12月にマスキー法の基準を世界ではじめてクリアすると、世界じゅうで大きな話題となりました。

[*2] ホンダが独自技術で開発した低公害エンジン。燃料の燃焼効率を高め、排出ガス中の有害物質をへらすのに成功した。

クリーンエネルギー車の開発

技術が進化した現在では、より環境に配慮した自動車として、電気や天然ガスなどを利用したクリーンエネルギー車の実用化が進んでいます。ホンダは1988（昭和63）年から電気自動車の研究開発をはじめ、1999（平成11）年にはホンダ独自のハイブリッドシステム[*3]を搭載した「インサイト」を発売（2014年3月で生産終了）。その後もそれぞれの技術を進化させ、現在では、ホンダの代表的な小型車であるフィットなどにハイブリッドと燃料電池を採用したさまざまな車種をそろえています。

電気自動車でもハイブリッドカーでも、ホンダがめざすのはホンダらしさです。どこよりもすぐ

[*1] オゾンやアルデヒドなどの気体成分と化学成分の微粒子が化学反応をおこして、もやがかかったように周囲の見通しが悪くなった状態。健康に影響をおよぼす大気汚染の一種。

[*3] ガソリンエンジンと電気モーターなど、ふたつ以上の動力を組みあわせて走行するシステム。

▲CVCCエンジンを搭載した「シビック」の1973（昭和48）年モデル。

見学！日本の大企業 ホンダ

◀ 電気自動車はガソリンをつかわないので、排出ガスもCO₂も出さない。2012（平成24）年にリース販売（→p33）されたプラグイン（充電型）電気自動車「フィットEV」は、エネルギー効率を高めて1回の充電で最大225km走行できるというすぐれた性能をもつ。

れた環境性能を目標としながらも、なめらかで力づよい加速で運転の楽しさを味わえる自動車をめざして、研究開発を進めています。

エネルギーを上手につかう暮らし

ホンダは、自動車やオートバイをつくるだけでなく、それらがつかうエネルギーをより効率的につくり、活用することはできないだろうかと考えました。そこで「豊かで持続可能な社会」の実現をめざして研究開発に取りくみ、太陽の光で電気をつくりだす太陽電池、家庭用の発電システムを生みだしました。現在、それらを組みあわせて、暮らし全体のエネルギーを効率的につかうHondaスマートホームシステムの実証実験をおこなっています。

▲ 埼玉県さいたま市につくられた実証実験ハウスでは、家庭で電気をつくり、それをたくわえて自動車や電力、熱源として効率的につかう実験がおこなわれている。

ホンダ ミニ事典

スポーツハイブリッド i-MMD

i-MMDは、ホンダの最新のハイブリッドシステム。自動車の発進・加速のときにモーターがエンジンをサポートするのはこれまでのハイブリッドとかわらないが、走行用モーターと充電用モーターのふたつのモーターを組みあわせて駆動させることで、高い燃焼効率と、よりいっそうの加速性能、さらにバッテリーを長もちさせるという、複合的な利点をあわせもつとされる。現在ではホンダの代表的な中型車のブランド、「アコード」の最新型などに搭載されている。ホンダではi-MMDをさらに進化させた3モーター方式の研究も進んでいる。ここでも「世界一」の効率をめざしているのだ。

● i-MMDの3段階のドライブモード

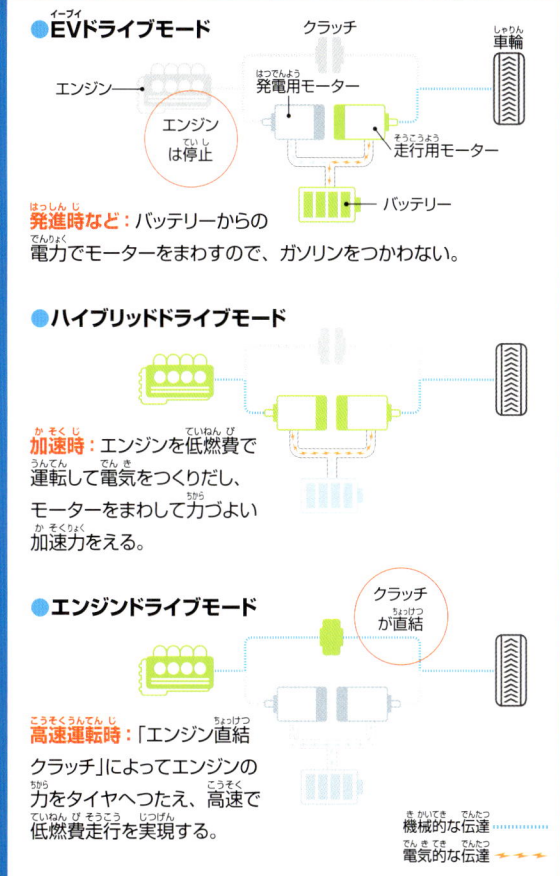

水源となる森を守る

ホンダがおこなっている社会貢献活動のひとつに、「水源の森」保全活動があります。山の森は雨水をたくわえ、川となっておいしい水をはぐくみます。また、きれいな空気をつくったり、地盤を安定させることで災害の発生をふせいだりする役割もあります。ホンダは、事業所周辺にある全国8か所の森の保全活動をおこなっています。木を植えたり、下草をかったりと、森が本来の力を取りもどせるよう努力しています。

▲手入れされることなく放置されると、森林はあれて水をたもつ力をうしなう。「水源の森」保全活動では、従業員ボランティアが樹木の密度を調節するための間伐や下草かりなどをおこなっている。

きれいな砂浜を未来へ

「ビーチクリーン活動」は、「素足で歩ける砂浜を次世代へ」をあいことばにおこなっている砂浜の清掃活動です。現在、全国の多くの砂浜にビニールやプラスチック、ガラス片など、自然にかえらないゴミが散乱しています。これでは、はだしで歩けないことはもちろん、生態系にも悪影響をおよぼすおそれがあります。ホンダは、機材を引っぱりながらゴミを回収していく「Hondaビーチクリーナー」を独自に開発し、地域の人びととともに砂浜をきれいにする活動をおこなっています。

ホンダ ミニ事典

リーフェルの森

ホンダのホームページを開くと、環境への取りくみに多くのメッセージがふくまれていることがわかる。そのなかでユニークな内容のひとつが、「リーフェルものがたり」と題された、インターネットで見られる絵本だ。リーフェルとは、大昔から地球を見まもってきた葉っぱの妖精で、現代の地球のさまざまな環境の変化で、緑色から赤や黄色にかわってしまう。リーフェルの活躍を通じて、大気汚染、エネルギー問題、ゴミ問題などの環境の問題をどのように改善できるのかを、子どもたちが一緒に考えられるようになっている。これも、ホンダの環境を守る活動のひとつだ。

▲ホームページから、「リーフェルものがたり」絵本の表紙。

▼手で大きなゴミをひろったあと、「Hondaビーチクリーナー」で砂のなかにうもれたゴミを回収していく。

ハイブリッドカー・電気自動車の現在

環境負荷が少なく、しだいに人気が高まっている「エコカー」。現在その中心となっているのはハイブリッドカーだが、近年は電気自動車や燃料電池自動車も数をふやしている。

■高まるハイブリッドカー人気

環境にやさしい方式として注目されているハイブリッドシステムですが、そのはじまりは明治時代にさかのぼるとされています。その後、ガソリンエンジンの進化にともなってわすれさられましたが、排出ガスの環境への影響が問題視されるようになったことや、1970年代におこったオイルショック[1]をきっかけに、ふたたび開発が進められるようになりました。

日本のハイブリッドカー第1号は、1997(平成9)年にトヨタ自動車から発売された「プリウス」です。ハイブリッドカーの問題点としては、ガソリン車よりも価格が高いことがあげられていましたが、1999(平成11)年にホンダからガソリン車とかわらない価格の「インサイト」が発売され、比較的購入しやすい価格帯になりました。エコカーの購入時に税金が免除される「エコカー減税」が実施されたこともあり、ハイブリッドカーの保有台数は増加しています。

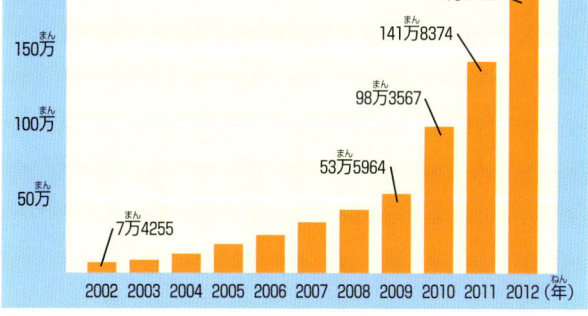

●ハイブリッドカー保有台数のうつりかわり
■自動車検査登録情報協会『わが国の自動車保有動向』より

[1] 1973(昭和48)年の第四次中東戦争、1979(昭和54)年のイラン革命をきっかけに、石油価格が急激に上昇しておこった経済危機。

■エコカーの現在

ホンダは、さまざまなエネルギー源から製造でき、輸送や貯蔵もできる水素を、次の世代の有望なエネルギー資材ととらえています。水素は酸素と結びつくときにエネルギーを発しますが、そこでできるのは水だけなので、エンジンからは排出ガスは出ず、水が出るだけです[2]。ホンダは水素燃料車をきわめつけの環境車と位置づけ、1980年代後半(昭和〜平成にかけて)から積極的に研究してきました。

2002(平成14)年以降のさまざまな技術研究をもとに、日本とアメリカで試作車を製造。2005(平成17)年には世界ではじめて、アメリカで新型車(水素燃料車)を個人リース販売[3]しました。

▲水素燃料車の、FCEV CONCEPT。

2013(平成25)年11月には、アメリカ・ロサンゼルスのモーターショーで新型の燃料電池電気自動車(FCEV)のコンセプトカー[4]を発表。2015(平成27)年からはじまると見られている本格的な水素燃料車の普及にそなえています。

[2] 水素(H)と酸素(O)が結びつくと、水(H_2O)となる。
[3] 一定期間有料で、利用者に貸しだす契約。
[4] 自動車メーカーがモーターショーなど、展示目的で試作した自動車。

資料編❷

世界の二輪車市場

自動車よりも低価格で気軽に乗れることから、通勤や通学の交通手段として普及している二輪車。国内向けの生産はへっているが、アジア諸国では需要がのびている。

▲最新鋭のホンダの大型バイク、「NM4」（排気量750cc）。650mmと低めの運転シートで、またがったときにバイクとの一体感が楽しめる。さまざまな機能がコンピューター制御となり、LEDランプを採用。さらに最高水準の安全性がそなわっている。

■縮小する国内市場

現在、日本国内での二輪車生産台数は減少しつづけています。2007（平成19）年から2009（平成21）年にかけて急激に落ちこんでいるのは、2008年9月におこったリーマン・ショック*の影響で、その前後に経済状況が悪化したことが原因と見られます。

また、二輪車用の駐車場が少ないという問題も深刻です。それが理由で、二輪車を手ばなしてしまう人もふえる傾向にあります。2006（平成18）年に道路交通法が改正されて路上駐車の取りしまりがきびしくなったこともあり、対応がいそがれています。

＊アメリカの大手証券会社リーマン・ブラザーズが経営破綻したことによって引きおこされた、世界的な経済危機。

●国内の二輪車生産台数のうつりかわり

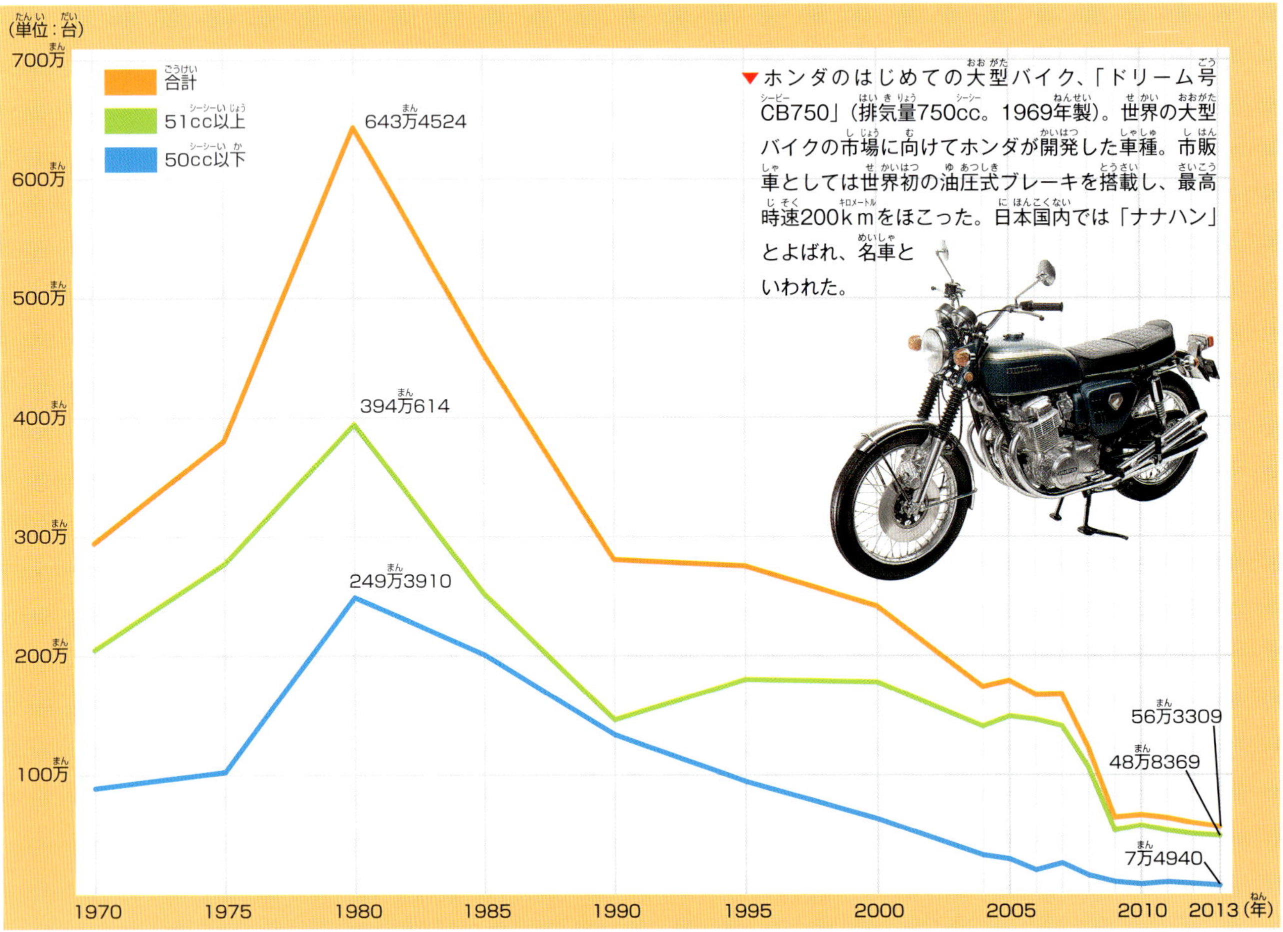

（単位：台）

合計
51cc以上
50cc以下

643万4524
394万614
249万3910
56万3309
48万8369
7万4940

1970　1975　1980　1985　1990　1995　2000　2005　2010　2013（年）

▼ホンダのはじめての大型バイク、「ドリーム号CB750」（排気量750cc。1969年製）。世界の大型バイクの市場に向けてホンダが開発した車種。市販車としては世界初の油圧式ブレーキを搭載し、最高時速200kmをほこった。日本国内では「ナナハン」とよばれ、名車といわれた。

■一般社団法人 日本自動車工業会ホームページより

見学！日本の大企業 ホンダ 資料編

■アジアでのびる生産台数

2012（平成24）年、全世界の二輪車生産台数は約5400万台でした。なかでもアジア各国・地域での生産が非常に多いことが下の表からわかります。国別の保有台数を見てみると、アジア地域はほかの地域の国とくらべて1けた多くなっています。アジアでとくに二輪車が普及している理由としては、四輪車と二輪車との価格差が大きいことや、鉄道などの公共交通機関のない地域が多いこと、二輪車使用の主要層である若い世代が多いことなどが考えられます。また、気候が温暖で積雪があまりないことも、二輪車普及につながっていると考えられます。

※ベトナムの二輪車生産台数・保有台数とも、正確な数字は公表されていない。しかし、それぞれ3～4位に位置すると見られている。

●国・地域別の二輪車生産台数（2012年*）

＊マレーシアは2011年のデータ。

国	台数
中国	2362万9791
インド	1572万1180
インドネシア	707万9721
タイ	260万6161
ブラジル	169万187
台湾	107万6317
マレーシア	86万5812
パキスタン	82万4245
日本	59万5473
フィリピン	58万8458
イタリア	33万
ドイツ	10万1690
オーストリア	7万6575
フランス	5万6963
スペイン	4万4019
イギリス	2万590
チェコ	2319

（単位：台）

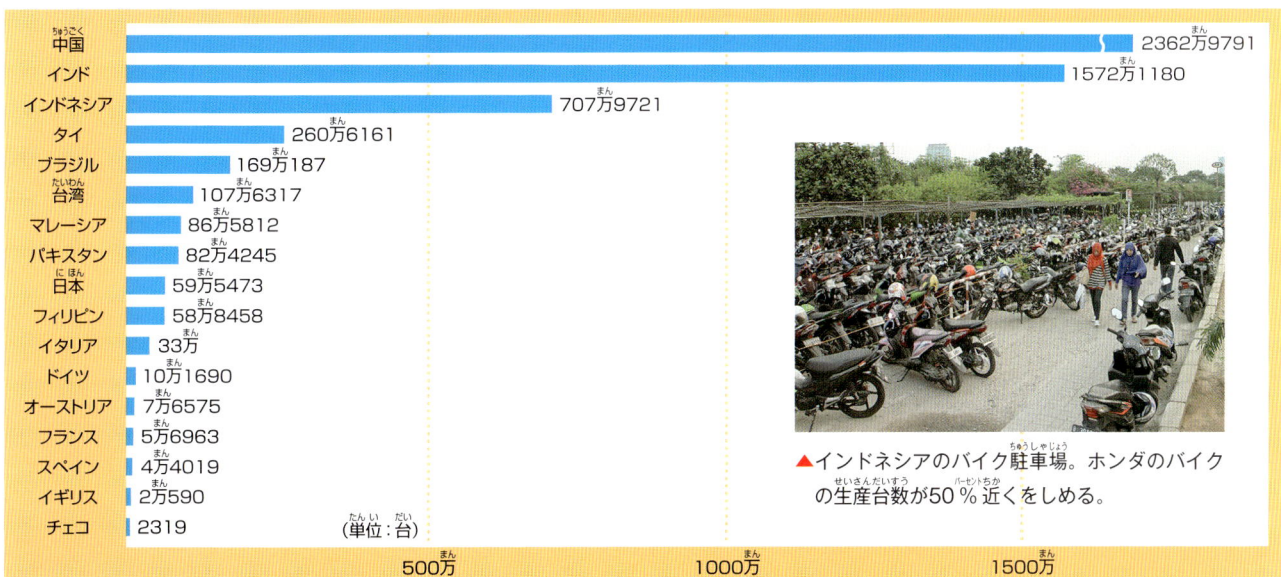

▲インドネシアのバイク駐車場。ホンダのバイクの生産台数が50％近くをしめる。

●国・地域別の二輪車保有台数（2012年*）

＊アメリカ、パキスタン、韓国、メキシコは2011年のデータ。

国	台数
中国	1億217万901
インドネシア	7598万927
タイ	1923万8311
台湾	1513万9628
日本	1198万5085
マレーシア	1059万1668
チェコ	976万8911
イタリア	858万2796
アメリカ	833万210
パキスタン	546万9630
スペイン	502万1965
フィリピン	412万315
ドイツ	384万3155
フランス	308万9125
トルコ	265万7722
ポーランド	220万7556
韓国	182万8312
ギリシャ	177万6435
メキシコ	131万397
イギリス	122万4849
オランダ	121万729
スイス	85万561
オーストリア	73万1051

（単位：台）

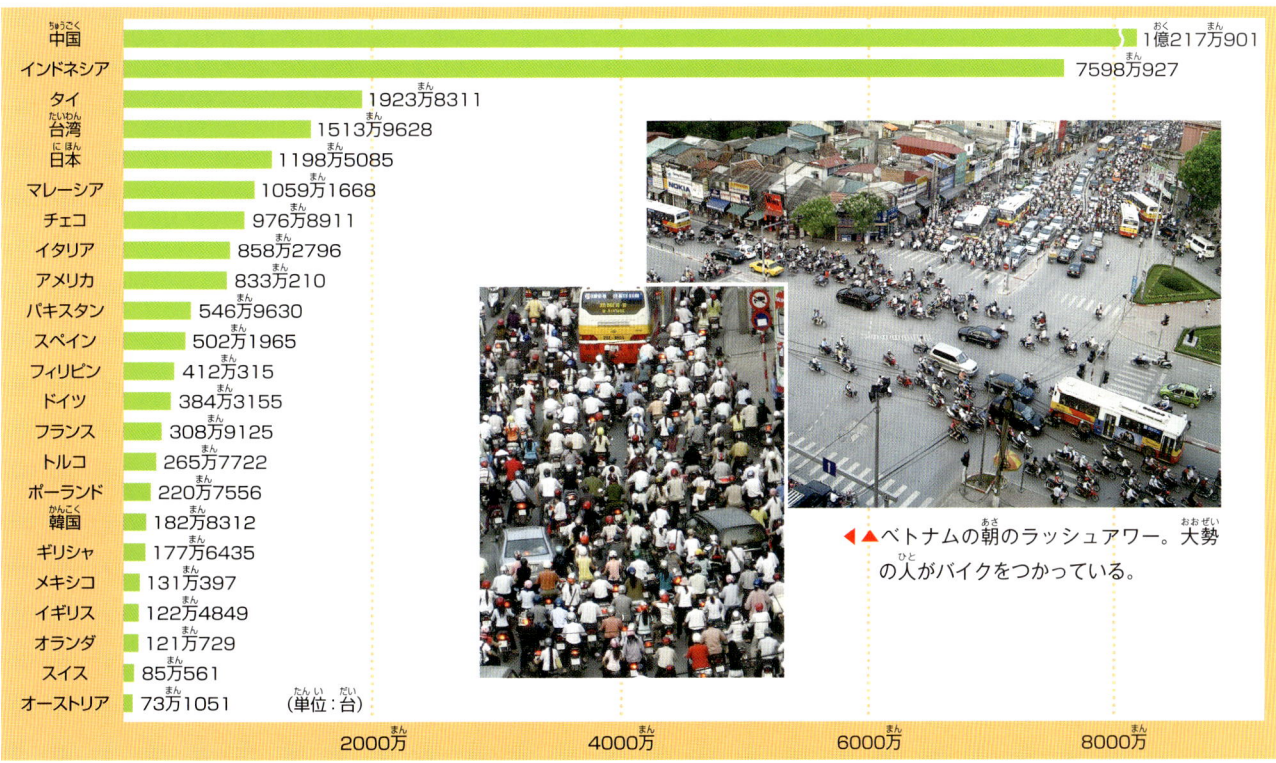

◀▲ベトナムの朝のラッシュアワー。大勢の人がバイクをつかっている。

■一般社団法人 日本自動車工業会ホームページより

資料編❸

オートバイの生産を見てみよう!

オートバイの生産現場には、すぐれた商品を生みだそうとする、技術者のこだわりがあふれている。ホンダの熊本製作所で、オートバイが組み立てられるようすを見てみよう。

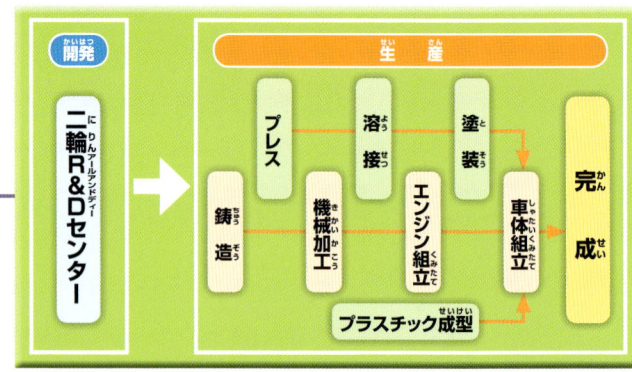
▲熊本では、オートバイの開発から製造まで、一貫した事業を展開している。

■開発

最初は、二輪R&Dセンターで開発です。ここでは、デザイン、設計、テストをおこない、新しいモデルや、次の世代のオートバイ開発をおこなっています。

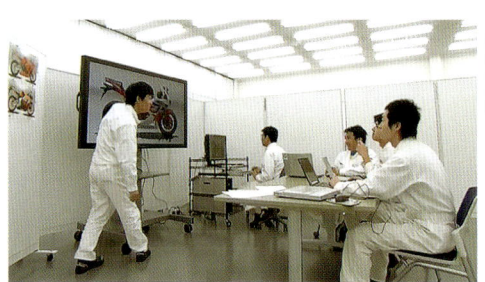
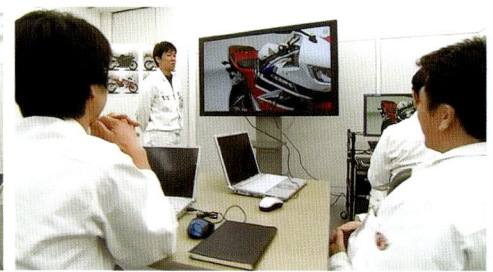
◀実物のイメージをコンピューターの画面で確認しながら、開発を進める。

■生産

1 鋳造

生産の最初の段階は、鋳造です。とけたアルミ合金を、部品の形をした金型に流しこみ、軽くてつよいエンジン部品をつくります。

▲どろどろにとけたアルミを、金型に流しこむ。

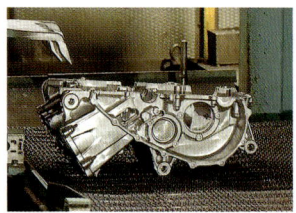
▲金型から取りだされた、エンジン部品。

2 機械加工

800台以上の機械をつかって、1000分の1ミリの正確さで、部品に穴をあける、けずる、みがくなどの加工をおこないます。

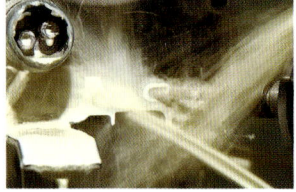
◀水をつかいながら、機械で部品を加工していく。

3 エンジン組立

機械加工された部品や、ほかの工場でつくられた部品を組み立てていきます。ここでは人の手による作業が中心で、排気量や種類のちがうエンジンを、熟練した作業者が一つひとつ正確に、すばやく組み立てます。

◀エンジンは人の手で一つひとつ組み立てられる。

▶組立が終わったエンジン。

見学！日本の大企業 **ホンダ** 資料編

④ プレス

オートバイの重要な骨組みとなるフレームや、燃料タンクをつくります。材料となるうすい鉄板を金型に乗せ、つよい圧力をかけると、部品の形になります。

▲大型のプレス機械。

▲鉄板に圧力がかけられて、部品の形に成型される。

▲余分な部分をレーザーなどで切りおとし、部品を完成させる。

⑤ 溶接

金属でできた部品どうしをつなぎあわせて、フレームや燃料タンクなどをつくります。ロボットをつかった自動溶接が多く、電気で金属をとかしながらつなげることで、軽くてつよい部品ができます。

▶電気溶接で、部品をつなぎあわせる。

⑥ プラスチック成型

部品の材料となるビーズをとかし、専用の機械に流しこみます。その後、冷やし、かためることで、オートバイのカバーやフェンダー（どろよけ）などが完成します。

▲プラスチックビーズ。

かためられたカバーの一部。

⑦ 塗装

無人塗装ロボットが、フレームやタンクなどに色をぬっていきます。塗装には、さびどめと、きれいに仕上げる効果があります。

▲無人塗装ロボットによるふきつけ塗装。

▲塗装が終わった部品に、ステッカーをはりつける。

◀塗装の完成。

⑧ 車体組立

これまで組み立てられてきたエンジンや部品が、すべて車体組立ライン*にはこばれ、オートバイ本体が組み立てられます。このラインでは、大きさや形のちがうオートバイを生産することができます。

*流れ作業による生産工程。

すべての部品が取りつけられたあと、きずなどのこまかい検査がおこなわれます。さらに完成車検査では、お客さまに安心して乗ってもらうために、エンジンの回転ぐあいや音、ブレーキのききぐあい、ライトの点灯確認など、決められた項目で、オートバイの機能のすべての検査がおこなわれます。

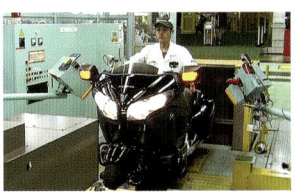
▲エンジン音などを確認する。
▲完成車検査がすんだら、梱包して、世界じゅうへ出荷する。

さくいん

ア
- アート商会 ……………………………… 6, 14
- アクティブセーフティー ………………… 25
- アコード ……………………………… 13, 31
- ASIMO ………………………………… 26, 27
- 安全運転 ………………………………… 28
- インサイト …………………………… 30, 33
- エアバッグ ……………………………… 25
- エコカー ………………………………… 33
- S360 …………………………………… 12
- F1 ………………………………………… 15
- エンブレム ……………………………… 5
- 欧州経済共同体(EEC) ………………… 21
- 大河内記念生産賞 ……………………… 22
- オートバイ ……………… 4, 9, 14, 18, 19, 20, 27, 31, 36, 37
- お客さま第一主義 ………………… 9, 18, 19

カ
- カー・オブ・ザ・イヤー ………………… 13
- 金型 ……………………… 8, 9, 22, 36, 37
- 環境負荷 …………………………… 23, 33
- 環境わごん ……………………………… 29
- 熊本製作所 ……………………………… 36
- クラッチ ………………………………… 19
- クリーンエネルギー ……………………… 30
- 軽乗用車 …………………………… 12, 13
- 光化学スモッグ ………………………… 30
- 航空機 ……………………………… 5, 24, 27
- 工作機械 …………………………… 11, 22
- 子どもアイディアコンテスト …………… 29
- コンセプトカー ………………………… 33

サ
- サーキット ……………………………… 15
- サイドカーテンエアバッグシステム …… 25
- 榊原郁三 ……………………………… 6, 14
- 里山 ……………………………………… 29
- サル・カニロボット ……………………… 22
- 産業用ロボット ………………………… 22
- CVCCエンジン ………………………… 30
- シティブレーキアクティブシステム …… 25
- シビック ………………………………… 13
- 省エネルギー …………………………… 23
- 水源の森 ………………………………… 32
- 水素燃料車 ……………………………… 33
- スーパーカブ ………………… 4, 5, 9, 19, 22
- スポーツハイブリッドi-MMD …………… 31
- ソーラー発電 …………………………… 23

タ
- ダイカスト ……………………………… 8, 9
- 大気汚染 …………………………… 30, 32
- 太陽電池 ………………………………… 31
- T360 …………………………………… 12
- 低公害エンジン ………………………… 30
- テクノロジー ……………………… 24, 25, 26
- 手わたしの安全 ………………………… 28
- 電気自動車 ………………………… 30, 33
- 東海精機重工業 ………………………… 6
- 塗装(作業) ………………………… 9, 23, 37
- ドライビング・スクール ………………… 28
- ドライブモード ………………………… 31
- ドリームD型 …………………………… 9
- ドリームハンズ ………………………… 29

ナ
- 二酸化炭素(CO$_2$) ……………………… 23, 25
- 二輪車 ……………………… 4, 5, 12, 15, 22, 25, 28, 34, 35

二輪車用エアバッグ･･････････････････････ 25
人間休業･･････････････････････････････････ 6
人間尊重･････････････････････････････ 16, 17
燃費･････････････････････････････ 13, 19, 25
燃料電池自動車･････････････････････････ 33

ハ

排出ガス･････････････････････････････ 30, 33
ハイブリッドカー･････････････････････････ 30, 33
ハイブリッドシステム･･････････････････ 30, 31, 33
走る実験室･･････････････････････････････ 14
パッシブセーフティー･･････････････････････ 25
浜松製作所･･････････････････････････････ 29
汎用製品･････････････････････････････ 5, 15
ビーチクリーン活動･････････････････････････ 32
ビオトープ････････････････････････････ 28, 29
ビジネスジェット･･････････････････････････ 27
人型ロボット (ヒューマノイドロボット)････ 5, 24, 26
フィット･･･････････････････････････････ 30
フェンダー････････････････････････････ 37
藤澤武夫････････････････････ 7, 12, 16, 20, 24
ブラインドスポットインフォメーション･･･････ 25
ふるさとの森････････････････････････ 28, 29
古橋広之進･･････････････････････････････ 10
フロントブラインドビュー･･････････････････ 25
ベルトコンベア･････････････････････････ 9
歩行アシスト････････････････････････････ 27
歩行者対応ポップアップフード････････････ 25
Honda Woods･･･････････････････････ 28, 29
ホンダA型(自転車用補助)エンジン･･･････ 8, 18
本田技術研究所･････････････････ 4, 6, 7, 9, 24
ホンダ月報･････････････････････････ 11, 16, 17
Hondaスマートホームシステム･･････････････ 31
本田(宗一郎)･･････････ 4, 5, 6, 7, 8, 9, 10, 11, 12,
14, 16, 17, 18, 19, 24, 28, 29

Hondaビーチクリーナー･･･････････････････ 32
ホンダ・フィロソフィー･･･････････････････ 16, 17

マ

マスキー法･･････････････････････････････ 30
マン島TTレース･･･････････････････････ 14, 15
三つの喜び･･････････････････････････ 9, 16, 17
無線機用(の発電)エンジン･･･････････････ 6, 8
モーターサイクリスト・スクール･････････････ 28
モータースポーツ･････････････････････････ 14
モータリゼーション･････････････････････ 12, 28

ヤ

湯たんぽ･･････････････････････････････････ 6
溶接(作業)･･･････････････････････ 22, 23, 37
寄居工場･････････････････････････････ 23, 29
四輪車･････････････････ 4, 5, 11, 12, 13, 15,
22, 23, 24, 25, 28, 30, 35

ラ

リーフェルの森･･････････････････････････ 32
リーマン・ショック･･････････････････････ 34
立体商標登録･･････････････････････････ 5
レーシングカー･･････････････････････････ 15
レース･････････････････････････ 5, 14, 15, 20
ロボット･･･････････････････ 22, 23, 26, 27, 37

■ 編さん／**こどもくらぶ**

「こどもくらぶ」は、あそび・教育・福祉の分野で、こどもに関する書籍を企画・編集しているエヌ・アンド・エス企画編集室の愛称。図書館用書籍として、以下をはじめ、毎年5～10シリーズを企画・編集・DTP製作している。
『家族ってなんだろう』『きみの味方だ！ 子どもの権利条約』『できるぞ！NGO活動』『スポーツなんでも事典』『世界地図から学ぼう国際理解』『シリーズ格差を考える』『こども天文検定』『世界にはばたく日本力』『人びとをまもるのりもののしくみ』『世界をかえたインターネットの会社』（いずれもほるぷ出版）など多数。

■ 写真協力（敬称略）
本田技研工業株式会社、毎日新聞社、フォトライブラリー

■ 企画・制作・デザイン
　株式会社エヌ・アンド・エス企画
　吉澤光夫

この本の情報は、2014年9月までに調べたものです。
今後変更になる可能性がありますので、ご了承ください。

見学！ 日本の大企業　ホンダ

初　版	第1刷　2014年10月25日		
	第2刷　2019年 2 月 5 日		
編さん	こどもくらぶ		
発　行	株式会社ほるぷ出版		
	〒101-0051 東京都千代田区神田神保町3-2-6		
	電話　03-6261-6691	印刷所	共同印刷株式会社
発行人	中村宏平	製本所	株式会社ハッコー製本

NDC608　275×210mm　40P　　ISBN978-4-593-58715-5　Printed in Japan

落丁・乱丁本は、購入書店名を明記の上、小社営業部宛にお送りください。送料小社負担にて、お取り替えいたします。